我的手工时间

橡皮章，你好！
橡皮章初体验

【日】津久井智子 著
韩慧英 译

化学工业出版社
·北京·

目录

橡皮章，
你好！ ····· 6

不怕弄脏　不怕溢出 ····· 6

任何失败都没有 ····· 7

漂亮的大家伙 ····· 8

还有小家伙们 ····· 9

"橡皮章，你好！"开始喽 ····· 10

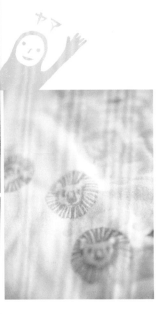

橡皮章
能干什么？ ····· 11

印在纸上 ····· 12

印在布上 ····· 13

印在各种东西上 ····· 14

橡皮章，开始喽 ····· 15

小丫来啦 ····· 16

纸袋 ····· 18

标签 ····· 20

包装 ····· 24

纱手帕 ····· 26

趣味卡片 ····· 28

巧手信封 ····· 30

信纸 ····· 32

名片 ····· 34

封印 ····· 38

今天的目标—1 ····· 40

跳 ····· 41

欢迎来到小地咖啡屋 ····· 42

袋子、袋子、袋子 ····· 44

专属章 ····· 46

手工标签 ····· 48

今天的目标—2 ····· 49

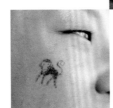
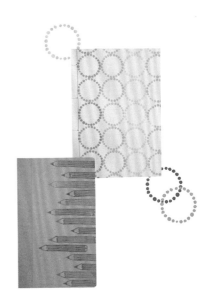

蕾丝 ····· 50

婴儿服—女孩 ····· 52

婴儿服—男孩 ····· 54

纸尿裤 ····· 56

又是婴儿服 ····· 57

婴儿的 ····· 58

男孩的 ····· 60

女孩的 ····· 62

不惧流感 ····· 63

绘本时间 ····· 64

印于皮肤 ····· 66

大人的 ····· 68

文具 ····· 69

装饰 ····· 70

如何雕刻
橡皮章 …… 71

所需物品 …… 72

 雕刻章鱼 …… 73

雕刻前准备—1 …… 74

雕刻前准备—2 …… 76

雕刻 …… 77

按印 …… 79

　按印—1 版 …… 80

　按印—分色 …… 81

　按印—重叠印 …… 82

　按印—分层 …… 83

　按印—连续印 …… 84

Q&A 专栏 …… 85

橡皮章的基础 …… 86

　裁刀 …… 86

　自动笔 …… 86

　雕刻刀 …… 88

　各种造型 …… 89

我家的猫 …… 90

ABC

橡皮章，你好！
不怕弄脏
不怕溢出
不怕错位
不怕裂纹

不用担心

任何失败

都没有

漂亮的大家伙

自由，轻松。
享受手工
乐趣！

欢迎来到橡皮
章的世界！

还有

小家伙们

"橡皮章，你好！"开始喽

津久井智子

非常感谢大家阅读本书！

我是本书的作者津久井智子。

制作橡皮章的手艺人

这就是橡皮章

橡皮章

参加交流活动，接受定制品订单。

在我的工作店铺教授印章的雕刻。

就这样积累成书了。

橡皮章是什么？不明白哦！

好像很麻烦，我很笨的哦！

这次特意为你们准备了这本书！

大人、小孩都喜爱的橡皮章，自由轻松的艺术！

我开始雕刻。

雕刻跑车！

用喜欢的颜色按印！

好玩的

好吃的

好开心

好奇妙

按印于布制小物件也很漂亮，或者印于卡片及袋子，送给别人的小礼物！

里外都是手工制作！

用橡皮章点缀平凡的物品。

婴儿及小宝贝入园的小物件，送上小小的祝福！

刚开始，从小图案、简单图案开始尝试。

着迷的状态。着迷的状态。

按下橡皮章，体验这种兴奋感！

不错哦！

橡皮章
能干什么?

"这个印章，能印出什么
啊？"
"印于各种物品。"
"各种物品，随心所欲！"
这就是橡皮章的使用方法。

印在纸上

最方便、最容易的"纸物件"。
便签条、卡片,还有纸袋、包装纸等。
按下橡皮章,轻松完成原创的装饰效果。
首先,从草稿纸开始试着按印。

材料变化

手工纸
天然质感。
使用VersaMark

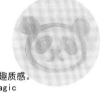

描印纸
半透明的妙趣质感。
使用VersaMagic

牛皮纸
带有纤细条纹的
薄纸。
使用BRILLIANCE

草纸
表面粗糙风格的纸。
使用artnic

黑纸
适合搭配白色及金银色。
使用artnic

手工纸
原色质感的纸。
使用VersaCraft

日式纸
日式白纸,可增添
日式风格。
使用artnic

白纸
适合搭配任何颜
色的常规纸。请
任意使用。
使用NIJICO

VersaMark
纸类专用的无色透明油墨。
沾上油墨部分呈现深色,呈
现双色效果。(tsukineko)

NIJICO
印台内分割成各种颜色,轻松完
成颜色分层。(tsukineko·共5
种)

BRILLIANCE·
DewDrop
水滴形状方便拿取,适用于
细微之处。(tsukineko·
共28色)

artnicS
纸张专用油墨。色彩
丰富,价格便宜。
(tsukineko·共98色)

VersaCraft

适合纸张及布料的油墨。按印于布料的话，熨烫可使油墨更加牢固。(tsukineko・共35色)

印在布上

纸制品运用成熟后，再来挑战布制品。油墨干固之后熨烫，清洗后也不会掉色。而且，布料的粗糙度及纱线的粗细也会变幻印章图案的效果。此外，起毛材料不容易粘住油墨，请注意。

1. 多使用油墨。

2. 抚平布料的褶皱，保持平整。

3. 整齐按印完成。

4. 待油墨干固，熨烫。

油墨无脱落

5. 处理后，不怕清洗。

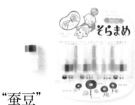

"蚕豆"

津久井智子设计的纸张、布料用油墨。包装小巧、色彩分类，方便使用。

材料变化

纱布

布纹细小，方便按印。适合搭配柔和色调。

亚麻

表面呈现筋纹，独特质感的亚麻布。同样按印效果贴合。

吸汗布

质地柔和、触感舒适，吸汗布适合任何印章。

棉布

贴身的舒适触感棉布。布纹细密，易于按印。

牛仔布

厚布料适合搭配图版较大的印章，按印效果更加清晰。

布料上按印的关键

相对于纸张，按印于布的油墨的黏合性较差，所以需要蘸取较多油墨。而且，不能用力过度！（可能印出多余线条）所以，尽可能不要使用弹性较强的布料及布纹较粗的布料。如果按印图案不完整或油墨污染布料，请不要开始熨烫，立即清洗，减轻不良效果。

13

印在各种东西上

StazOn

使用于玻璃、瓷器、铝材、塑料、皮革、陶器等，几乎适合任何材料的万能油墨。
（tsukineko·共25色）

雕刻精致的橡皮章，一定想按印于更多材料上。其实，只要选对油墨，按印于塑料、玻璃、瓷器等表面也会非常牢固。
任凭你的奇思妙想和无限创意！

VersaMagic

适合相片、皮革、原木木材（未油漆）等材料。油墨干固较快，也适合重叠按印。（tsukineko·共41色）

StazOn·opaque

同StazOn的属性稍有差异。非透明效果的油墨。（tsukineko·共6色）

材料变化

塑料
使用StazOn。透明度较高，稍有通透感。

皮革
使用VersaMagic。即使按印深色，染色效果也很清爽。

木
使用VersaMagic。适合未油漆的木料。

尼龙
使用StazOn。适合任何尼龙材质物品。

铝材
使用StazOn。不会损坏油墨的颜色，染色效果佳。

蜡纸
使用StazOn。极具质感，按印效果精美。

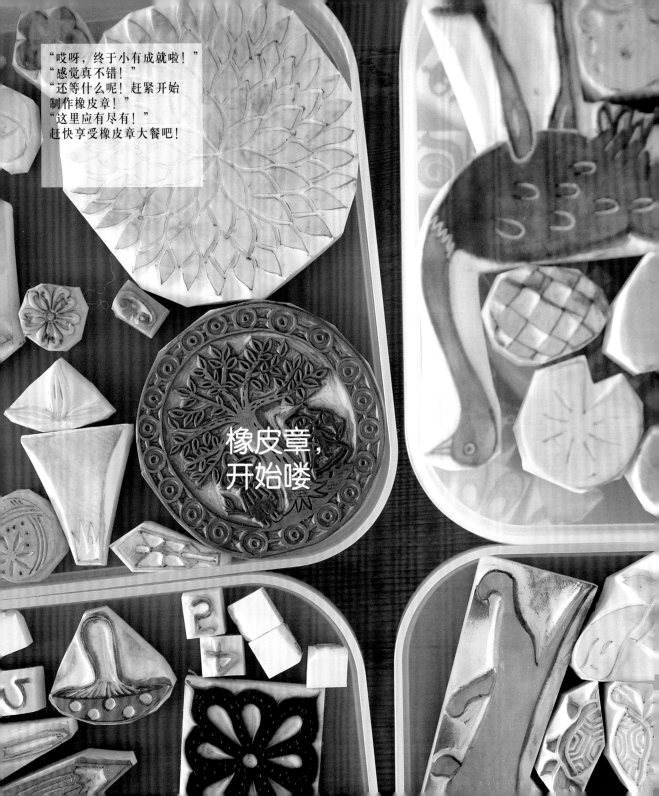

"哎呀，终于小有成就啦！"
"感觉真不错！"
"还等什么呢！赶紧开始
制作橡皮章！"
"这里应有尽有！"
赶快享受橡皮章大餐吧！

橡皮章，
开始喽

边角位置是"小丫"。稍稍错开角度按印,效果更佳。

打开信封,"小丫"。
真是让人惊喜。

小丫来啦

信封里面、书签的边角,
稍不注意,黑黑的"小丫"就会探出头来。
今天他藏在哪里啊?

小丫渐渐从下方浮现出来。

嗨,我就是小丫!!

搭配信封的颜色,小丫的颜色搭配也丰富多彩。

随意搭配的间隔内就是"小丫"。他居然藏在这里啊!

一张微笑卡片,小丫好像站在窗口看着我。

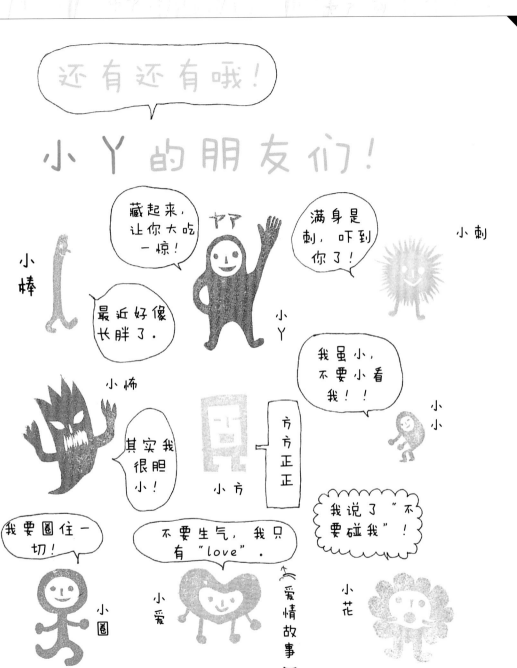

大家都是随心所欲的印章，创作
各种角色，游乐其中。

纸袋

存放零钱时，
分类相片时，传递只言片语时。
单色的袋子上按印各种图案，
同时散发出喜悦心情。

心形的内侧使用三角刀，
雕刻，增添表情。

冷色的组合搭配，使人有种
清爽水面的印象。

深色的纸袋，搭配优雅的
配色。

轻轻按压，黑色油墨很
清爽。

多彩颜色的宝石，使简单的
纸袋大放异彩。

各色花朵盛开，就像一片
花海。

大纸袋加上橡皮印的按印，
也很精美。

精美的分层，青蛙王子。

整齐排列开来，同样能够制
作出造型，这就是橡皮章的
特点。

同一种印章，变换角度就能
装饰出效果。

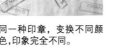

同一种印章，变换不同颜
色，印象完全不同。

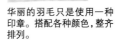

华丽的羽毛只是使用一种
印章。搭配各种颜色，整齐
排列。

※图版见22页。

18

成熟感的装饰效果

使用"VersaMark"，
不用于色彩油墨的装饰表情。

蘸上油墨的纸袋部分颜色略深，呈现重影效果。具有通透感的风格，成熟内敛。纸张最好选用不深不浅的颜色。

VersaMark
纸张用的无色透明油墨。
（tsukineko）

标签

行李中乏味的标签，也能变化出意想不到的效果。加上一些文字信息，用作礼品的装饰也很好！

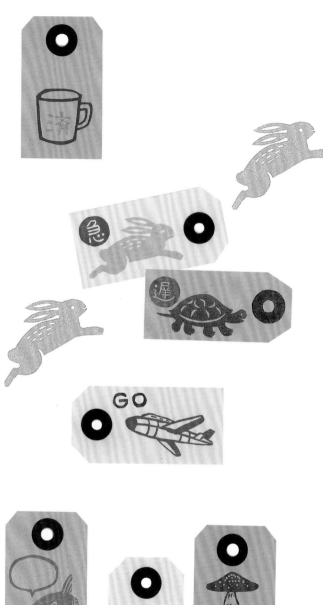

※图版见23页。

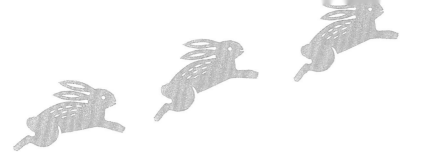

21

纸袋（18～19页）的图版

THANKS

?

GO

御 礼

OK

急

済

X

取扱注意

扱注意

遅

取扱注意

取扱注意　扱注意

取扱

CHECK IT.

包装

变换按印的方法及油墨的颜色，
考虑对方喜欢的包装效果，
赠送的礼品能使对方更加开心。

将按印着图案的包裹起来。

红色的彩纸，加上精致的白色油墨图案。

整列按印的简单图案，印象大有不同。

纸杯制作的简单包装

包装制作者正林绘里子先生教授的"纸杯包装"。
非常简单，且适合搭配橡皮章。

油墨的颜色搭配丝带、装饰胶带的颜色，体验多样装饰的乐趣。将手放入纸杯中，尽可能压平纸杯，再从表面按印。

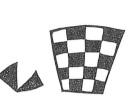

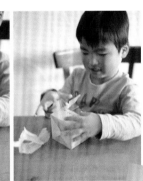

(制作方法)

展开纸杯上
端的卷边。

展开状态。

将纸杯压平。

开孔，穿
过绳带。

用装饰胶
带固定。

纱手帕

有了宝宝,纱手帕就是生活中不可或缺的物品。
用纱手帕制作成各种乐趣无限的装饰。
还能送给其他妈妈朋友,一起分享乐趣。
当然,即使大人使用也不显幼稚。

手帕边缘整齐排列行进。

多彩图案的按印,就像翩翩
飞舞的蝴蝶群。

柔和触感的纱,最适合搭配明亮的浅色。

同一个版型中,还可将壳体和身体的颜色分开。

26

按印方法

圆圈按印

放射状按印

随意按印

条状按印

斜纹按印

方形按印

趣味卡片

不自觉感受到欢乐感的
趣味卡片,窗口卡片,
还有折叠卡片,
都很精美!

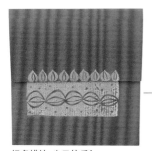

好多蜡烛,生日快乐!

真想吹口气。

鹿角用其他版型按印,装饰多彩。

一年一次的节日!

Merry Christmas!

※图版见35页。

好学、好玩、好吃、好睡，美好的一天。

茶话会的邀请卡片。

只看到一部分，这是什么？

打开窗户，太阳高高升起。

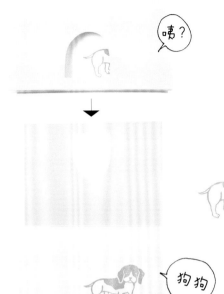

唓？

狗狗

脑袋藏起来，屁股露出来。

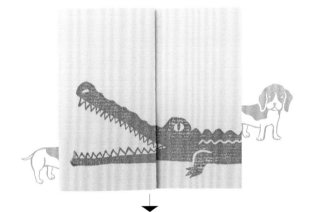

THANKS

谢谢你给我清理牙齿！

小鸟是我的朋友，给我清理牙齿。

(制作方法)

① 厚卡片．

从1/3左右位置折入。

② 按印于摊开的部分．

闭合起来，在隐蔽的位置印上小鸟。

③ 夹住描印纸．

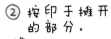

④ 同下方的按印图案重合，再按印．

※图版见35页。

巧手信封

制作姓名栏印章，再简单的信封也能大放异彩。如果只是自行传递，还可制作邮票印章，增加手工装饰风情。

将信封切开，里面是姓名栏图案的按印。

小马图案邮票，绿色部分用自动笔处理。

螺号邮票按印，欧派风格。

里面的信是两个人的秘密，加上钥匙。

印在标签纸上更方便

将姓名栏印章按印于标签纸上，使用时贴在信封或纸袋表面即可，非常方便。标签纸有白色或手工纸等，多种可选。

小鸟送来的信件，好浪漫的信封。

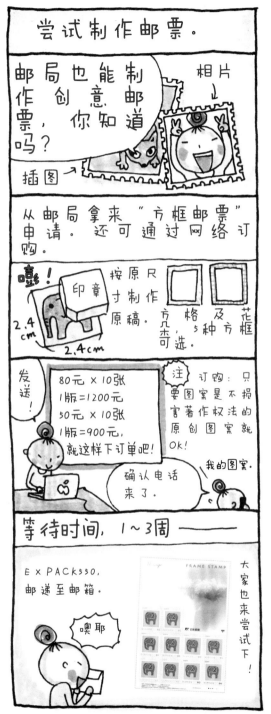

※注意：此项服务为日本邮局，中国读者仅供参考。

信纸

电子邮件虽然轻松方便，但偶尔写写字也不错。
再用橡皮章装饰各种图案，将一件原创的信件发
送出去，对方一定会为之所动。

货车部分相互连接，是装满信件的货车吧！

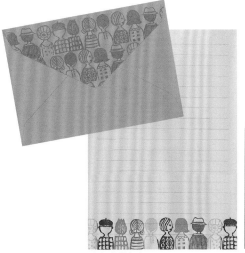

4人组合的印章。
可尝试各种色彩搭配。

同一只火烈鸟的不同形态展示，
搭配深浅颜色的效果。

一个大印章加上颜色分层，更显层次感。

从边部至边部，部分断开也行。
还可使用任何颜色搭配。

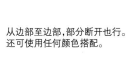

32

使用了很多颜色搭配而成,却表现出单纯的精致效果。

随意组合的街道图景。制作却很简单,适合初学者。

※图版见36～37页。

名片

添加橡皮章的图案，使普通的名片不同凡响。
商店自然有卖成品姓名卡片，但是将这种写着自我介绍的卡片及孩子的
名片大量制作分给大家，一起享受快乐。

DAIWA SHOBO
1-33-4,SEKIGUCHI,
BUNKYO,TOKYO,JPN
TEL: 03(3203)4511

はんこや象夏堂しょうかどう
消しゴムはんこ職人・津久井智子
http://www.geocities.jp/hankoya_shokado/

Hankoya   shokado

Original Stamps made of Eraser
Twitter name: TomokoTsukui
http://www.geocities.jp/hankoya/shokado/

Tomoko   Tsukui

@Hankoya shokado
Original Stamps made of Eraser
http://www.geocities.jp/hankoya/shokado/

DAIWA SHOBO
1-33-4,SEKIGUCHI,
BUNKYO,TOKYO,JPN
TEL: 03(3203)4511

はんこや象夏堂しょうかどう
消しゴムはんこ職人・津久井智子
http://www.geocities.jp/hankoya_shokado/

DAIWA SHOBO
1-33-4,SEKIGUCHI,
BUNKYO,TOKYO,JPN
TEL: 03(3203)4511

大和書房

〒112-0014
東京都文京区関口1-33-4
TEL: 03-3203-4511

DAIWA SHOBO
1-33-4,SEKIGUCHI,
BUNKYO,TOKYO,JPN
TEL: 03(3203)4511

Tomoko Tsukui
@Hankoya shokado
Original Stamps made of Eraser
Twitter name: TomokoTsukui
http://www.geocities.jp/hankoya/shokado/

Hankoya   shokado

Original Stamps made of Eraser
Twitter name: TomokoTsukui
http://www.geocities.jp/hankoya/shokado/

はんこや象夏堂しょうかどう
消しゴムはんこ職人・津久井智子
http://www.geocities.jp/hankoya_shokado/

※图版见36页。

趣味卡片（28～29页）的图版。

Merry

christmas!

THANKS

35

名片（34页）的图版。

信纸（32~33页）的图版。

封印

高档质感的封印装饰。
专用的印章价格较高。
那么，就用橡皮章尝试制作吧！

白色的缝封印，里面是天使的图案。

用双面胶带直接固定于包体。

礼品的装饰。

制作一套更方便

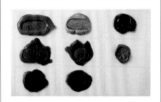

仅仅加上一个封印，立刻显现高档质感。制作多个存放一起，使用时更加方便。将各种封印按印于百元店购得的贴纸上，随时可以使用，非常方便。

瓶头系上绳结，并贴上封印。

封印就像雕刻出的艺术品，呈现出精美的效果。

(封印的使用方法)

点燃封印，就像点蜡烛。

滴落封印液。

滴落的封印液适合印章大小即可。

封印蜡中，分为无芯及有芯等种类。

所以，就像点燃蜡烛般使用。

没有芯的颜色更加漂亮。

（但是，使用不方便。）

还要剪断后加热熔解。

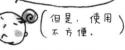

有芯

点燃

滴

无芯

剪断

放在勺子中加热

烤制

滴

技巧

将裁剪的物体放置于羊皮纸上方，等待10秒。

趁着未冷却

按印

固态后松开。

趁热按下印章。

放置1分钟左右。

完成。放上刻印部分。

39

今天的目标—1

小鸡在奔跑,后面有狼追来了! 互不相让的对峙局面。
这样下去,小鸡能顺利逃走吗!？ 不要慢下来,有危险啊!

会讲故事的手袋

制作明信片也行

将各种故事描述于卡片上,收到的人一
定很开心。比如,狼追到鸡群中,反被小
鸡们群起而攻之。试着想象,各种原创
的故事在脑中展现开来。

跳

蹦蹦跳跳,好奇妙。
跳跳跳,跳绳的青蛙。

 ①
 ②
 ③
 ④

一直使用"无印良品"的便签纸。
心情不好的时候,按印跳跳蛙。

无聊的时候,心情不好的时候,郁闷的时候,"跳跳跳"。
一定会有好心情。

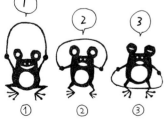

制作笔记本绘画也行

小学时,小朋友们是不是都会在笔记本的空白处涂鸦?现在可以用印章简单完成,工作和学习之余,小小的乐趣减轻压力。

欢迎来到小地咖啡屋

自画的原创标志随处都是,来到这间咖啡屋,总会给人留下深刻印象。

用橡皮章点缀的餐具及道具,独特的氛围。还可举办小型聚会,或者休假时来此享受简单的午餐,让你享受无微不至的招待。

按印于杯垫,真想偷偷拿回家。

神秘的 咖啡屋老板

我就是老板!!

欢迎光临

爱犬 小地圆滚滚

本名:小地三郎

标志性的贝雷帽。虽然有点害羞,但是谈到咖啡和足球还是妙语连珠的。喜欢巴斯克菜肴,就在高元寺的后大道开了这间提供巴斯克美食及红酒的咖啡屋。最受欢迎的午餐是小地咖喱和咖啡。

木制餐具同样印着店名。

汤容器的盖子也有,塑料质地也能按印。

在这里买单。
同样有本店的标志。

小地咖啡

简单改变颜色，也是橡皮章
的特点。

这个按印大些，大纸杯。

小地咖啡屋
的菜单

普通的餐单，也能如此精致。

菜单

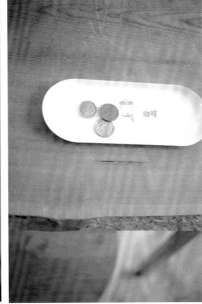

袋子、袋子、袋子

杂货店买来的普通袋子,加上橡皮章的点缀,效果大不一样。

黑+差色的组合

稍稍添加强烈对比的颜色,映衬整体的效果。

黑猫+黄色老鼠。黑色和黄色的完美搭配。

大中小的组合

大中小的袋子相应搭配大中小的套娃。

大套娃用红色头巾点缀。

中套娃用紫色头巾。

加上红色,更显华丽。稍稍加入差色,点缀整体。

小套娃搭配黄绿头巾。各1版,搭配不同颜色。

绿色的四叶草抑制了浓烈的黑色,表现出柔和的效果。

放入文具、化妆品、点心，方便使用的袋子。
各种颜色的丰富搭配，还能使用各种浓淡
颜色组合搭配。还有适合成熟风格的简单
图案设计。

专属章

确定"专属章"，制作属于自己的标签。
按印于标签，手袋及服装也是装饰的目标，还有文具、
信件最后的署名都可。
还可以随意按印装饰。
任凭你的无限创意。

灵活使用专属章

尺寸可通过复印自由改变。

还可以缩更小多。

放大也行！

标签纸

按印许多，
随意取用。

制作自己的专属章，可以按印于各种随身物品。

纸袋

便签

名片

衣服

手袋

鞋子

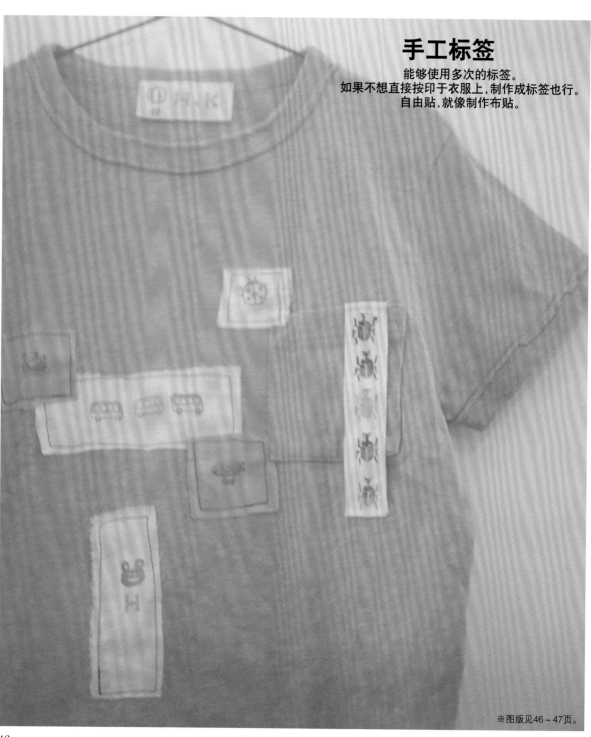

手工标签

能够使用多次的标签。
如果不想直接按印于衣服上,制作成标签也行。
自由贴,就像制作布贴。

※图版见46～47页。

今天的目标—2

变色龙视线的前端是……你要当心啦！
可通过油墨蘸取的方法，
伸长或收缩变色龙的舌头。

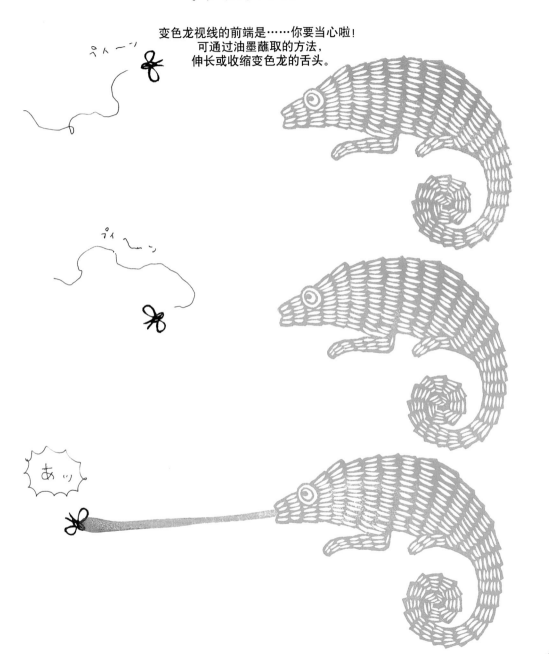

蕾丝

看似复杂的蕾丝图案,其实雕刻一瓣即可。
移动中心部分,整周按印8次。
一副完美的蕾丝图案呈现于眼前。

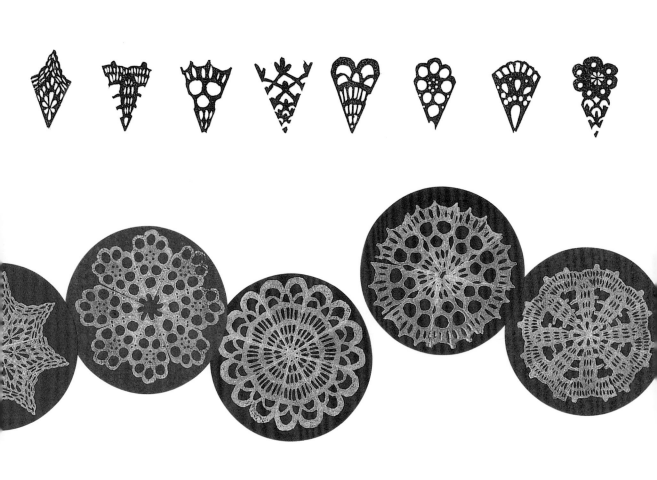

(按印方法)

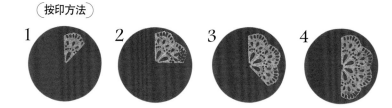

纸型图案同样简单

不局限于蕾丝图案,相同图案互相连接,
连接1周也行。

① 将描印纸
裁剪为比
成品稍大
的尺寸。

② 折叠3次,
制作成1/8。

折叠成8等份
的圆形,适合
印章尺寸。

③ 用完成的橡皮
章按印出图案。

相邻的瓣紧密
贴合,整周按
印8次。

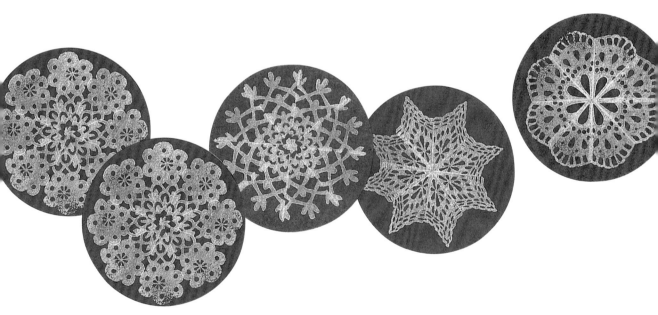

5 6 7 8

婴儿服—女孩

棉质布料适合婴儿的肌肤,同样适合橡皮章按印。
将来可以送给自己的宝宝,还可送给刚生宝宝的朋友。

适合女孩的柔和色调,整面都是草莓田地般。

绿色枝叶点缀红色草莓的小手套。

想要这样等间隔按印时,该怎么处理?

① 使用笔记本或活页纸画出几行描印线,作为尺子。

② 对齐拼合记号,按印。

③ 纵列相同方法处理。

婴儿服—男孩

男孩子喜欢的大船,两个版使用不同分色,制作出多彩效果。
稍稍错开按印,更显个性的效果。

搭配适合肌肤的浅色,蔚蓝的天空和大海,还有红色的
大船。

用锚按印点缀小手套。

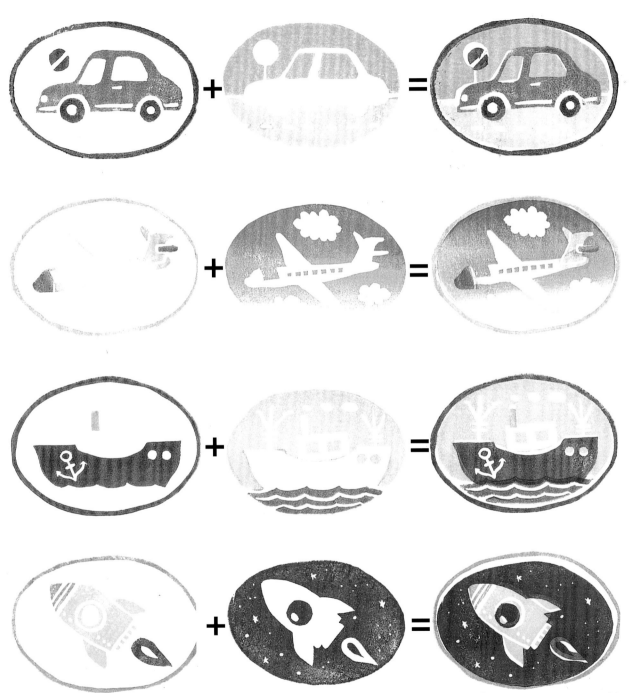

55

男孩、女孩都适合的图案。

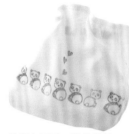

有一只朝向不同，颜色差异
搭配。

纸尿裤

小宝宝胖嘟嘟的可爱屁屁，用橡皮章在纸尿
裤上点缀更显可爱。
按印于成品纸尿裤即可。
或者，也可用于祝贺初生儿的小礼品。

又是婴儿服

使用有机棉制作的高档婴儿服，
按印的图案就像置身于丛林之间。
最好使用浅色的油墨。

树木使用双色搭配,风格独特。

羽毛图案
也很漂亮.

婴儿的

按印自己喜欢的图案,让宝宝的物品更漂亮。
棉布及纱布等常用于婴儿服饰,也适合橡皮章。

充满怀旧感的印象。

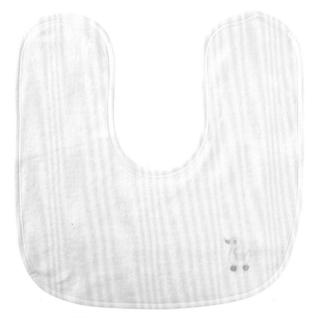

复古风格的木马用作点缀。

宝宝最喜爱的玩具用作点缀。选择布料同色系的油墨,完美搭配。

按印弧面位置时,里侧用硬物支撑,方便按印。

每只鞋特意采用微妙的颜色变化,更显可爱。

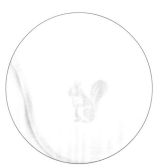

清爽的图案，印章的凸面较多，
单色装饰也很漂亮。

站立姿态的可爱猫鼬。
搭配镶边的黄色，选用明亮的油墨。

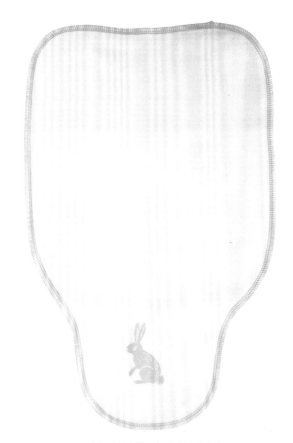

亲切感的动物图案,宝宝也很喜欢。

男孩的

淘气的男孩子,更适合凶猛的动物图案。
就像随意涂鸦般,亲子一起享受橡皮章的乐趣。

垫上纸衬,方便按印。
即使图案稍稍错位也很漂亮。

深色的背心搭配白色的油墨。
简单中显得个性。

背面也很漂亮。用大1版的印章粉色按印。

女孩的

就像胸口的口袋放进了一只小兔的设计。
还能制作更多可爱的小动物。

腰部侧边也印着小兔图案。

兔子的小脚分别刻印。

(兔子口袋的按印方法)

① 稍稍翻开口袋，按印小兔的身体部分。

② 将两只小脚按印于口袋。

还可以按印各种可爱的动物。

不惧流感

在素白的口罩上按印各种趣味图案。
口罩是由多层纱布重叠制成,直接按印比较困难,
最好用硬物夹入纱布间,方便按印。

就像绘本中走出来的生动图案。

可爱的小壁虎,杜绝一切流感。

戴上这个口罩,孩子就是学校的人气王。

绘本时间

用橡皮章绘制出专属自己的绘本,还等什么啊?
看似复杂的文字,实际雕刻却很简单。
加上数字,还能制作成绘本日历。

绵羊 1 只

绵羊 2 只

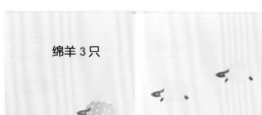

绵羊 3 只

绵羊 4 只

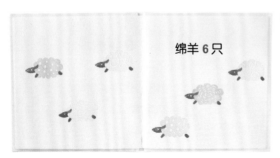

绵羊 6 只

绵羊 16 只

绵羊 0123456789 只

这就是 1 只

只

只

绵羊1只、绵羊2只……睡前读一读，还有促进睡眠的作用。绵羊的绒毛可以使用各种颜色，制作出五彩缤纷的装饰效果。妈妈的手工，充满幸福感的绘本。

轻轻按下

印于皮肤

使用适合肌肤的油墨按印，就像可爱的纹身。
轻松方便，随处可以按印。

漂亮吗？

唧 唧

讨厌

按印于皮肤上如此漂亮。
油墨干固快速，蘸上油墨
后快速按印。

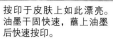

胜利！

强

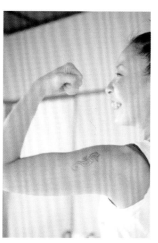

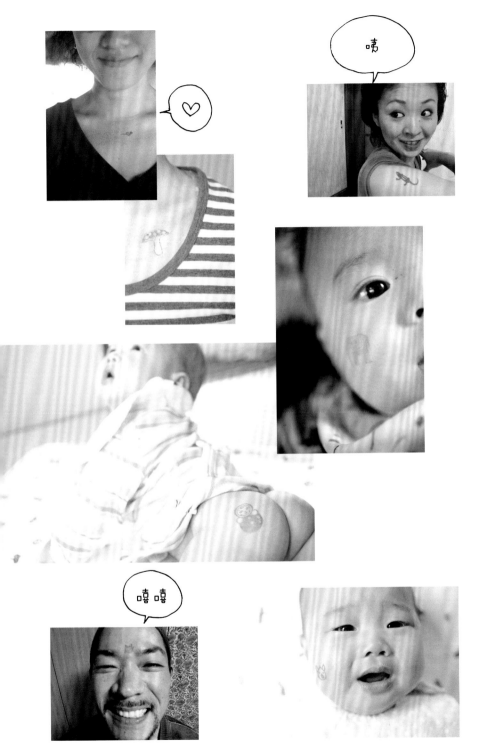

有各种颜色,同一种印章也能按印出不同心情。

彩色纹身

放心用于肌肤的纹身。用肥皂清洗即可轻松脱落,却有纹身质感。而且,具有类似实物纹身的亚光色及亮色。使用方法简单,只要按印于干燥洁净的肌肤即可。用吹风机干燥,会使图案更加稳固,颜色不易脱落。(tsukineko · 亚光色共8色 · 亮色共6色)

如果使用较大的印章在肌肤上按印,图案与肌肤的见面越少越好,使图案更加整齐。

67

大人的

T恤、背心、吊带衫等随意按印。
精致的装饰非常适合大人。

鹦鹉栖息的树木，使用橡皮的侧边。
用刻刀随意刻出条纹即可。

粉彩色的大图案，布满正面的
小图案。趣闻图案也能表现
出大人们的可爱。

文具

笔记本的封面也能用橡皮章装饰。
各种文具都能制作成可爱的装饰图案。

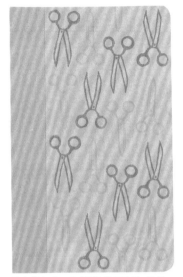

按印带有手工质感颜色的工具时，选择
颜色清晰的油墨。

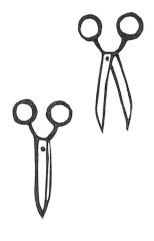

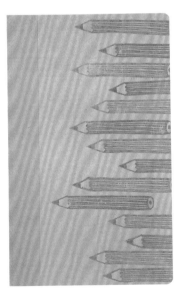

同一种印章也能按印出不同效果。

从缝合线开始按印，图案不会重合于
绳带。

放入
荞麦壳

眼罩

滴入香水
的香囊等等

装饰

对应印章的形状裁剪布料,从反面缝至中间,
再翻到正面填充棉花,最后缝合开口。
简单、精致的装饰,轻松完成。

大印章使用单色按
印也有冲击感,分
色印染又是一种不
同效果。

分色法则

这个很
重要!

★从细微部分开始
★从亮色部分开始
★从内侧开始
按照优先顺序上色,
顺利完成分色。

如何雕刻橡皮章

"就是这样，非常有趣！"
"这个漂亮吗？"
"但是，有点复杂哦！"
"不是啦，非常简单。"
"但是，似乎是很复杂！"

那么，看一看初学者也
能轻松掌握的简单雕刻
方法。

所需物品

虽说是工具,都是些简单实用的物品。
即使没有准备齐全,家用工具代替也行。

清洁黏胶

用于清理印章沟槽中沉积的灰尘及油墨。可以重复多次使用,非常方便。(HINODEWASHI)

橡皮版

橡皮章专用的橡皮版。明信片尺寸和明信片1/4尺寸。(2件装)

描印纸

描印底图,用于橡皮版转印时。纸张较薄,可方便描印底图。

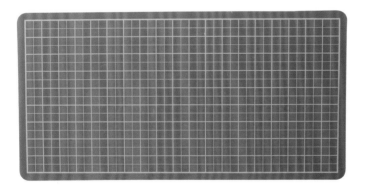

雕刻板

用于裁剪橡皮版,在上面多次裁切不留划痕。

油墨

油墨的种类很多。对应按印对象的材质选择。

自动笔

笔芯建议用HB。如果颜色过深,可能在转印时污染橡皮版。而且,自动笔还可用于描印细微图案。

裁刀

手柄稳定、刀刃宽、重量轻的最好使用。推荐使用 OLFA EXL-500。

雕刻刀

最好使用操作方便的橡皮章专用雕刻刀,本版用三角刀也可。

 # 雕刻章鱼

或许你会想"为什么是章鱼"。实际上，这幅美好的相片内，隐藏着橡皮章的真髓。头部的曲线，爪子的剪口，眼睛的裁剪等都是基础练习的关键。

雕刻前准备—1

所需的工具准备完成,首先开始准备工作。
选择想要雕刻的图案,将底图转印于橡皮版。

描印底图

  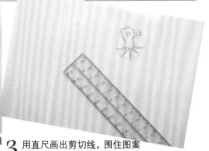

1 将描印纸置于需要雕刻的图案上方,并用自动笔描印。

2 不用雕刻的部分画出浅浅的斜线,标注同雕刻部分的区别。

3 用直尺画出剪切线,围住图案的轮廓。

将底图描印于橡皮版

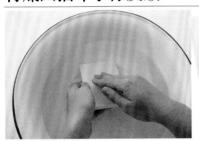  

4 用水清洗,将附着于橡皮版的粉末清洗干净。

5 清洗完成后,用毛巾等充分擦干。

6 整面涂抹油墨。避免使用布料用及油性油墨。

10 用手指轻轻摩擦,将描印纸中的图案转印至橡皮版。

11 完整转印完成。

12 边缘留下1mm裁掉。从上方垂直下压裁切。

各种底图的描印方法

放心 ◎

雕刻哪里? △

全黑色 △

耳朵 △

裁切线 ←

←裁切线

危险

细线从上方描印即可。平
面较大的位置浅浅涂抹,
容易识别!
画出裁切线,更加容易。

· 雕刻的位置是白色.
· 剩余的部分是黑色.
如不按以上方法分类,
雕刻时容易出错。如果
将轮廓描印下来,则线
条过粗。

深色涂抹看似容易识
别,但是会将橡皮弄
脏,图案也会变得模
糊。所以,需要清除描
印的就是外轮廓线。

裁切线距离图案1mm,
突出部分标注交叉
线。如果在收束位置
加剪口,容易造成图
案损坏。

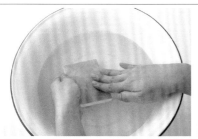

7 洗掉多余的油墨。
涂抹油墨是为了清楚雕刻的位置。

8 用布拭去水分。准备描印着底图的描
印纸。

9 描印面对齐橡皮版。
边缘隔开1mm左右,且尽量靠近端部。

13 裁切完成。

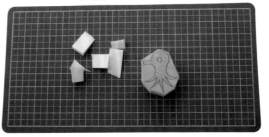

14 空白部分同样用裁刀裁掉,准备工作
完成。

雕刻前准备—2

首先,熟练掌握裁刀的使用方法。
安全的体验橡皮章的乐趣。

安全的拿持方法

用指尖下方拿持橡皮。
容易改变橡皮朝向的拿持方法。

裁刀的拿持方法

仅转动刀尖

用左手转动橡皮版

危险的拿持方法

横向拿持,只能用手腕改变橡
皮的朝向。

手腕不动

无名指和小拇指贴近
橡皮版

雕刻时的姿势

加棱角,橡皮靠近眼前,雕刻时
不容易疲劳。腰部伸张,保持
舒适的雕刻姿势。

如果爬在桌子上雕刻,腰部佝
偻,姿势不良。而且,手腕也会
疲劳。

雕刻

准备完成,就要开始雕刻了。
刚开始可能有些担心,但是最重要的是享受制作的过程。

1 就像是萝卜上雕花,首先雕刻轮廓。

2 快速送入刀尖。

3 顺时针方向转动雕刻橡皮。

4 整周的轮廓裁切完成。

5 接着,雕刻爪子的间隔。
从爪子前端加剪口。

6 从爪前至爪根加入剪口。

7 转动橡皮,改变方向。

8 再从下一个爪子的前端至根部,加入
剪口。

9 水平送入刀尖,取下裁掉部分。

10 雕刻最后的爪子和头部之间。沿着爪前端至头部的线条，送入刀尖。

11 横向送入刀尖，取下裁掉部分。

12 从嘴巴至第一个爪子前端，整周加入剪口。

13 转动橡皮，再从对称侧加剪口。

14 沟槽完成。

15 刀尖送入剩余半圆的水平位置。

16 取下裁掉的部分。

17 最后雕刻眼睛，刺入刀尖。

18 逆时针转动橡皮。

19 转动1周，取下裁掉的部分。

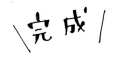
完成

按印

雕刻完成,立刻按印吧!
确认雕刻效果如何,细节部分可以微调。

1 用手拉伸清洁黏胶,使其柔软。

2 橡皮章压入清洁黏胶,清除沟槽内的碎屑。

3 敲击按压油墨,保证图形完整。

4 尝试按印,真感动!雕刻的不错。

5 用清洁黏胶除去剩余的油墨。

6 精细调整头部的线条。

1版

相同印章,
只要改变颜色就能变换出不同风格。
不是说"企鹅就应该用黑色",
可以尝试不同颜色。
传统的颜色固然很好,但有时候也需要一点意外。

按印
分色

同一版印章,
部分采用其他颜色搭配,多彩的效果。
秘诀就是从浅色开始按印。
颜色交界的位置可能出现混色现象,其实也很漂亮,
这就是橡皮章的奇妙之处。

这是图版

按印

重叠印

复杂的分色搭配不同印章版制作而成。
按印时稍有错位也没有问题。
其实，微小的错位也是一种美感。
就像印章组合而成的拼图，乐趣无限。

这是图版

首先是身体

这里分色

睑部和竖直的毛，狮子成形！

好可怕，关进笼子里吧！

这是图版

按印
分层

1版凸面较大的印章,最好通过分层表现出
层次感,使图案效果更加精美。
如果是逐色按印,先从亮色或中心位置开始
上色。
此外,推荐使用可以轻松实现分层的
"NIJICO"油墨。

有分层时准备了
"NIJICO"油墨。

咚   咚

稍稍移动印章,轻
轻敲击,颜色的边
界则会变得模糊。

逐色按印

咚   咚

轻轻敲击,稍稍
混合相邻侧的颜
色。从亮色的油
墨开始按印,图
案更加整洁。

按印
连续印

相同印章按印多次，这种动态图案是橡皮章的特点。
逐次改变颜色或位置,享受自由涂鸦的乐趣。
根据自己的创意,你还能够构思出更多图案。

这是图版

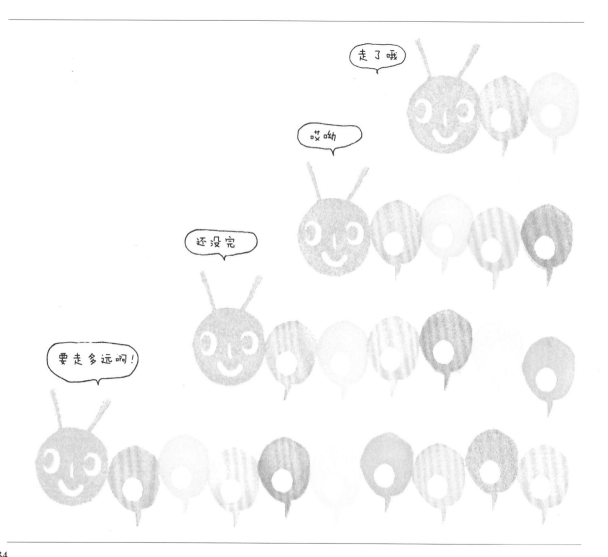

Q & A 专栏!

请随意提问！

嗨！

 工具从哪里购买？

去大文具店，应该能够全部购得。
网上也能买到的，选择多样。

 普通的橡皮是否能够雕刻？

普通橡皮可能比雕刻橡皮软，不容易雕刻，容易损坏，但是也能雕刻。

不建议使用 普通橡皮

 制作好的印章如何保存？

放入塑料盒中容易粘上，可以摆放于纸盒及木箱。

加入隔板 → 重合叠放

咚 啊，少了一个眼睛，失败了！

可以用笔重新补修！或者用胶水黏合！

 制作这个印章需要多长时间？

技法熟练的人需要5~10分钟，初学者可能需要20分钟吧！

卡～ 很难掌握开口方法！是不是从小印章开始练习才好？

刀刃是否呈 ▽ ←V字形入刀？如果太难，可以将底图放大。

 哇，好漂亮，送给谁好呢！

用胶水及双面胶带粘上木屑，按印更容易，感官更像印章！

小礼物

橡皮章的基础

首先,介绍需要掌握的基本技巧。
掌握基本雕刻方法,之后多多练习。

裁刀
雕刻轮廓

1 按照倒角的要领,利落送入刀尖。

2 顺时针逐边裁切橡皮,同时转动橡皮的方向,修整1周。

3 雕刻内侧的三角部分。

1 同三角一样,按照倒角的要领,送入刀尖。

2 顺时针转动橡皮。

3 裁切修整1周。

自动笔
点点刺入就能起到装饰效果

1 轻按一下笔帽,稍稍送出笔芯。

2 送入需要开孔的位置,穿刺后稍稍转动,扩大开孔。

3 完成。

4 三角的一边加剪口，刀尖朝向中心方向。

5 先拔出刀刃，下一个边同样加剪口。

6 同样，在最后一个边加剪口。

7 最后，整体取出。

  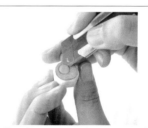 

4 刀尖送入内侧的圆。

5 逆时针转动橡皮。

6 关键是不转动刀尖。

7 整周剥开。

脸

文字

装饰

雕刻刀
随着高水平的技巧逐渐掌握

刺猬的刺

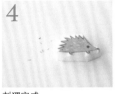

1	2	3	4
竖起三角刀的刀刃，对齐刺猬的宽度雕刻。	雕刻出身形。	用三角刀的刀尖勾勒内侧的毛刺。	刺猬完成。

眼珠

1	2	3	4
使用圆刀。	转动橡皮。	整周完成。	取下裁掉的部分，眼珠完成。

漩涡

1	2	3	4
使用三角刀，以外侧为起始点。	转动橡皮，沿着线条。	一并雕刻至最后，如同书写笔记。	取下裁掉部分，完成。

水滴

1	2	3	4
使用三角刀。	轻轻送入刀尖。	转动橡皮，改变刀刃的方向，制作水滴形状。	取下裁掉部分，完成。

车轮

1	2	3	4
车轮内侧加入浅浅的剪口，一整周。	车轮之间的空隙使用三角刀。	从内至外，按压雕刻刀。	取下裁掉部分。

各种造型
想学的更多！

钻大孔
用裁刀在椭圆的内侧制作沟槽。雕刻完成会话框的三角部分，再用雕刻刀雕刻剩余的中心椭圆部分。

留点
用裁刀在太阳圆形的外侧制作沟槽。用三角刀雕刻放射线之间的间隙。最后，用三角刀和自动笔完成太阳的脸。

留主体
按照脑门、脸蛋、人中、眼间的顺序，从外侧较大的简单形状开始剔除。

雕刻文字
雕刻外沟，剔除各文字之间的空白部分。制作大略的文字形状，剔除各文字内侧的空白部分。

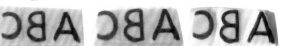

复杂轮廓
对照人体形状裁剪橡皮，连续完成整周。分别剔除头和手、手和脚、脚和脚之间的空白部分。最后，用雕刻刀和自动笔完成脸。

我家的猫

总之，可以雕刻自己最喜欢的东西，这就是橡皮章的乐趣所在。
大家快来亲身体会吧！

比姐姐还厉害!?

比起平常在姐姐身边观看，实际动手简单多了！小猫的表情惟妙惟肖。我比姐姐还厉害，对不起哦姐姐。(妹妹惠子/相声演员)

工人做手工会不会很简单!？

不对哦，图太难画了。雕刻只要我认真做还是没有问题的，毕竟是个手艺人！哈哈哈（父亲秀/电气工人）

好开心!

本以为自己肯定做不好，没想到成功了，真是太开心了！寄送给朋友的信件也可以用上我自己的小印章。

好有立体感!

我家的场景。简单又复杂，这就是橡皮章的魅力所在。极具立体感！（Knotty/美容师）

似梦似幻中

粗手粗脚的我也有卖萌的时刻。我要做的更好！（Ryo/相声演员）

其实非常简单!

"还是我的猫咪最可爱。不过，橡皮章也很漂亮。"（美发师·三山）
"难以置信！比想象的简单！"（摄影师·村林）

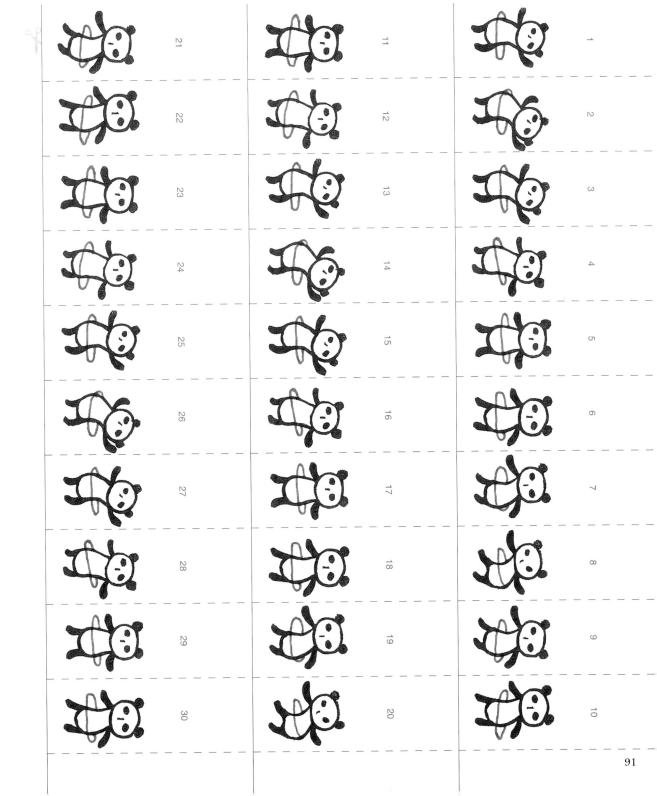

91

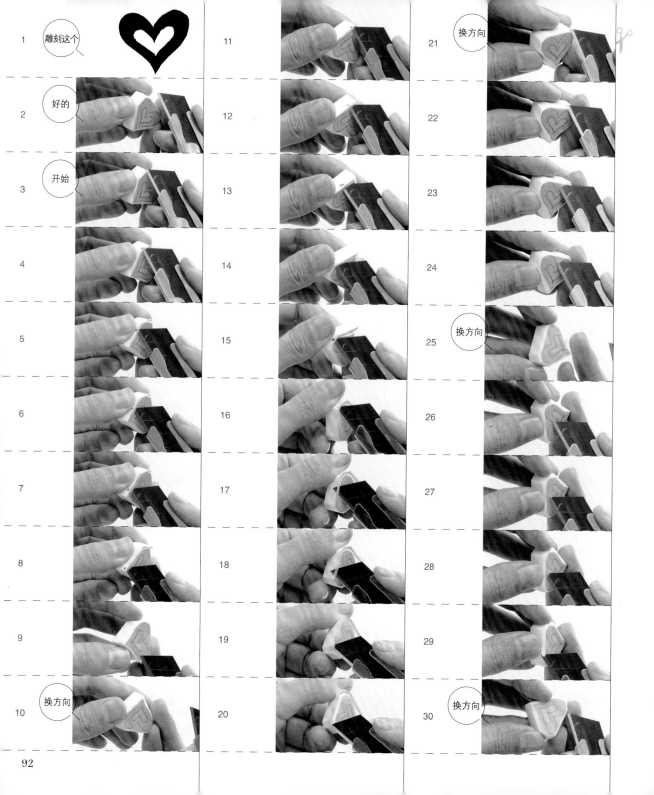

1 雕刻这个

2 好的

3 开始

10 换方向

21 换方向

25 换方向

30 换方向

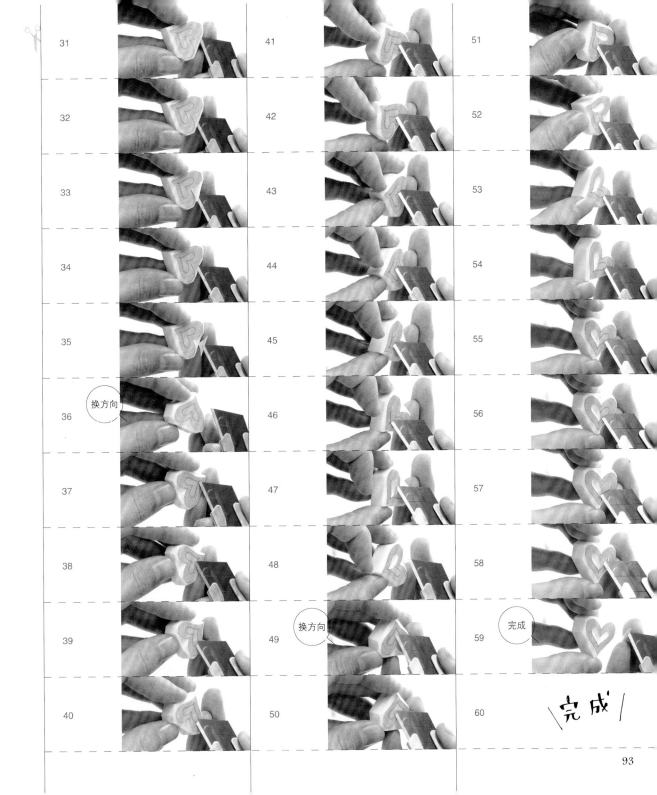

31

41

51

32

42

52

33

43

53

34

44

54

35

45

55

36 换方向

46

56

37

47

57

38

48

58

39

49 换方向

59 完成

40

50

60

完成

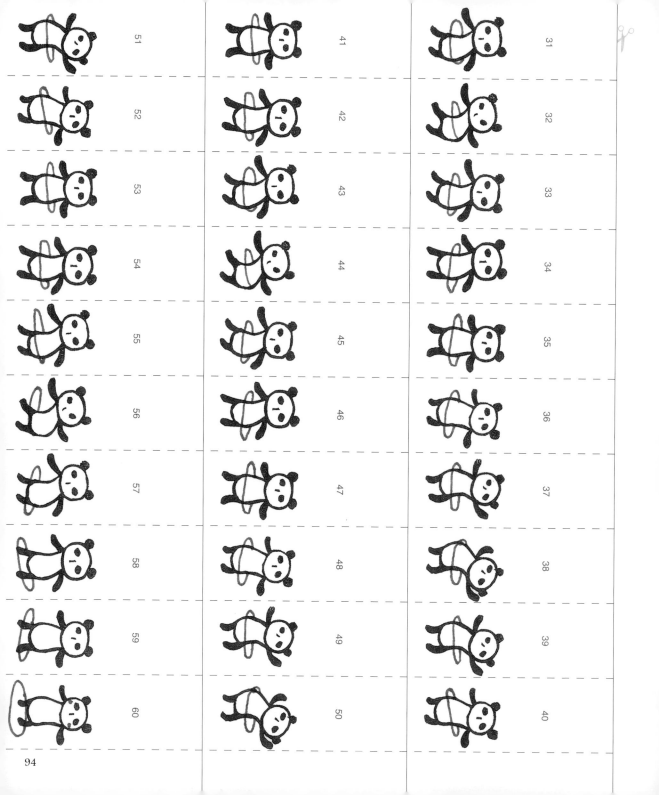

橡皮章能干什么呢？可以随心所欲印在各种物品上，当看到自己亲手刻出的图案印在喜爱的东西上，成就感不言而喻。大人和小孩子都喜欢的橡皮章，制作起来并没有想象的麻烦。日本著名橡皮章玩家津久井智子将自己在橡皮章铺子中讲授橡皮章雕刻积累的经验、作品汇集起来，为初接触橡皮章的读者专门准备了此书。请跟随本书从简单的图案开始尝试，到试着刻出不同的图案在各种物品上发挥创意，从中体验橡皮章带给平凡生活的无限惊喜和无穷魅力吧！

图书在版编目（CIP）数据

橡皮章，你好！橡皮章初体验/［日］津久井智子著；韩慧英译.
—北京：化学工业出版社，2013.7（2014.7重印）
（我的手工时间）
ISBN 978-7-122-17591-5

Ⅰ.① 橡… Ⅱ.① 津… ② 韩… Ⅲ.① 印章-手工艺
品-制作 Ⅳ.① TS951.3

中国版本图书馆CIP数据核字（2013）第124068号

KESHIGOMU HANKO. HAJIMEMASHITE
Copyright © 2010 Tomoko Tsukui
Original Japanese edition published by DAIWASHOBO
Simplified Chinese character translation rights arranged with DAIWASHOBO
through Timo Associates Inc., Japan and Shinwon Agency Co.Beijing
Simplified Chinese edition copyright © 2013 CHEMICAL INDUSTRY PRESS

北京市版权局著作权合同登记号：01-2013-0987

责任编辑：高　雅　　　　　　　　　装帧设计：尹琳琳
责任校对：陶燕华

出版发行：化学工业出版社（北京市东城区青年湖南街13号　邮政编码100011）
印　　装：北京瑞禾彩色印刷有限公司
889mm×1194mm　　1/24　印张 4　字数 173 千字　2014年7月北京第1版第2次印刷

购书咨询：010-64518888（传真：010-64519686）　售后服务：010-64518899
网　　址：http://www.cip.com.cn
凡购买本书，如有缺损质量问题，本社销售中心负责调换。

定　　价：35.00元　　　　　　　　　　　　　　　　版权所有　违者必究